SHANGHAI OUTSTANDING YOUNG

ARCHITECTS

2018 年上海市建筑学会成立六十五周年评选活动

上海市杰出中青年建筑师之十一 • 刘宇扬

上海市建筑学会

The Architectural Society of Shanghai China

坚持善念的设计 力求善意的建筑

刘宇扬

Liu Yuyang

中国建筑工业出版社

评选专家委员会

主 任：

全国工程勘察设计大师 沈 迪

专 家：

中 国 工 程 院 院 士
全国工程勘察设计大师 魏敦山

全国工程勘察设计大师 时 匡

全国工程勘察设计大师 汪孝安

全国工程勘察设计大师 赵元超

全国工程勘察设计大师 丁洁民

丛书序 PREFACE

上海伴随着改革开放近四十年的城市建设发展日新月异，浦江两岸新老建筑相映成辉，历史的传承和时代的发展使上海更具有文化的内涵和城市的魅力。在这振奋人心的时代里，在一大批优秀建筑的背后是一群富有创作热情、具有世界眼光、勤勉努力的中青年建筑师。他们已经成为当下行业内的中流砥柱，他们继承着前辈的匠心，把握着时代的脉搏，他们有着新一代独到的理论见解和创作思想。

2018 年正值上海市建筑学会成立 65 周年，六十多年来，学会汇聚了大批建设领域的专家和精英，他们积极参与上海市及全国各地的建设，为城市化建设与发展做出了卓有成效的贡献。值此 65 周年之际，本会向全社会发起了“上海市杰出中青年建筑师”评选活动，旨在表彰一批在建筑设计领域取得突出成就和做出重要贡献的中青年建筑师们，以此鼓励上海市中青年建筑师奋发进取、锐意创新的精神。

“上海市杰出中青年建筑师”评选于 2018 年 7 月 26 日正式启动，共收到来自 53 家设计院所、高校的 150 余名中青年建筑师的竞选申请；此次评选经过社会网络投票，唤起了行业内外对城市建设和建筑师的关注。其中网络投票页面访问次数达到 870 万次，累计投票次数超过 220 万次。最终，由院士、大师组成的评审专家委员会于 11 月 7 日推选出了 20 名“上海市杰出中青年建筑师”。

“上海市杰出中青年建筑师”系列丛书的出版，既展示了上海中青年建筑师们的学术水准、创作业绩及个人风采，也鼓励其创新精神和社会责任感。促进其能够与国际接轨，提升其社会影响力，为中国建筑业增添绚丽的色彩。

上海市建筑学会理事长

序 言
FOREWORD

在都市与城乡之间向前行

对于一位出生在野性自在的台东、文化迭代混杂的中国台湾，而在美国修习了建筑和城市专业，也对珠江三角洲的城市发展进程做了深刻研究，最后又回到亚洲最前沿城市香港和上海创作、策展与教书的刘宇扬而言，如何在面向欧美的前沿实验思考的同时，另一面朝向华人在地城乡文化的思考和实践，一直是他凝视自我、回应时代的重要课题！我认识的刘宇扬，一路走来就是这么一位永远热情地面对生活日常，让自身介入城乡地景、关注公共、建构真实的建筑师——“创作”对他而言，一直是他一以贯之善意回应场所、回应生活、回应时代的持续的自我挑战！

2016年，我曾邀请刘宇扬来中国台湾担任我们“交通大学建筑研究所建筑竞图”的出题人暨策展人，而宇扬则提出了一个以一部重要的文学纪录片《他们在岛屿写作Ⅰ》中六位台湾经典作家——林海音、周梦蝶、余光中、郑愁予、杨牧、王文兴等为题的“文学丨建筑”，让建筑研究所的学生们，借由一部短片、一本书、一张图及一组模型，来建构一座在泉州历史建筑中的“口述历史博物馆”。在这个策展论述中，我深切地感受到他强烈地表达一个好的建筑创作人，除了要有完整的建筑空间和构筑技术的想象外，最重要的是还必须让自己随时对于我们的历史、文化和美学提出自身观点、并且随时关心社会的公共性和时代性；直接面对城乡，并建构一个持续发展、持续变动的真实和想象！刘宇扬的衷心提醒，让我看到他这种全力以赴且以身作则地关心着建筑教育和时代青年之间的关系，几乎潜移默化地影响了我们中国台湾未来青年建筑师们的价值观。

这二十余年来，刘宇扬的作品总是坚定地面对当代城市和乡村的多重向度，进而转化成建筑的空间形式或场所经验；总是精准地在面对物质性和去物质性之间，层层落落地来回辩证、抉择和创造；又总是在材料、构造与细部的理解和组构当中，激发出一种存在于建筑的材料性和感官性本质！

就像“广西喜岳云庐酒店＆瑜伽亭”作品当中，他花尽了所有的力气研究整个村落聚落和生活地景之间的时空关系：一方面经由理性的抉择和创造，企图理解农宅聚落和地理山脉之间的地景和构筑关系，而让村落的生活仪式都能收敛在一个非常简单且连续的自然地景状态，既坚固又柔软地随着邻里聚落蜿蜒于山脚之下；另一方面，他则又同时在“瑜伽亭”作品中，更纯粹地面对环境的常与变、面对构筑中的原始物质本身、甚至面对抽象形式的内在张力，以最少的动作和材料来诠释其对地景、环境、艺术的理解，提出一种自发性的精准理解和深刻的空间诗意。他的作品看似从理性出发，但其中却有着非理性的“灵感”激发——他透过构筑来塑造真实、点燃知觉，最终似乎想借此超越日常。

另一方面，刘宇扬在面对当代城市中生活空间的形塑，总是同时借以系统整合、地景建构、公共再生和生活场所等空间策略思考来作为城市触媒，重新定义当代复杂城市的再生议题，以及环境生态中的永续价值。无论是上海的“实验小学”，还是“幼儿园”作品，他的作品总是借由一系列具相似性、扩散性、又完全不同的离散单元群落，体现出他对于生活和教育场所的关注；更让这个多向真实的教育实验场所，不仅看到“整体”，而且感受到“局部”的空间尺度感和场所活力。而在“上海民生码头水岸景观”作品中，他则一方面试图在城市的边缘，揭示了蕴藏在城市地景当中的独特能量和环境体验；另一方面更引发了社会和公众之间所产生的空间情感和生活记忆，寻求一个外在环境渐渐消失的“都会精神”。这个看似逻辑清晰、形式理性，且企图以空间系统回应城市的作品，建立了一个新的城市构筑系统，来整合土木跟建筑之间的地景关系和场所重建，反而为这个复杂的外在城市环境，有了崭新的理解和想象；也成为了一个具有未来的扩张性，而且有机变动的都会公共空间。

身为一个关心公共性和社会性的建筑师，刘宇扬总是一方面聚焦且扎实地面对问题本质，而有意识地保持冷静理性的眼睛和意志，看到根本的事物和技术，并提出一种全盘性的构筑观点；另一方面，在他的进一步的创作思考和决定当中，则又回过头去聆听最初的声音——无论是来自场所经验、来自历史记忆、来自生活感知都构筑了他心中浪漫而感性的城市建筑，让建筑或地景凝塑成不可言喻的力量而持续向前！

龚书章
中国台湾新竹交通大学建筑研究所教授
2019 年，中国台北

建筑的世俗性，亦如教堂边的棚户区，真实而普遍地存在。建筑师的工作犹如天使，带着自身的使命走入市井，同时与上帝和恶魔打交道，经常弄得遍体鳞伤，就为了不出卖自己灵魂。设计源于生活，终于愉悦；重现看不见的光、被忽略的美，这就是设计的本质。创造力，是上天赋予你我的一份厚礼。让我们如天使般毫无保留地把它传递给所有需要的人。

刘宇扬

CONTENTS
目录

上海五原路工作室
Wuyuan Rd. Studio, Shanghai

I. 个人论述

Personal Discourse

在地的他者

1990 年第一次个人建筑之旅摄于京都清水寺

我在台东出生，中国台湾最东部的一个小城市。因为父亲工作的关系，每隔两三年就会调到不同的地方，大城和小镇都待过。1984 年，我 15 岁时离开中国台湾后先到新加坡待了半年。新加坡不像中国台湾那样有城乡变化的过渡空间，但有很多漂亮高耸的高层建筑，同时也保留了一些老城区，华洋杂处，觉得很亲切。之后到美国西岸的洛杉矶又待了半年，那边完全是市郊空间。最后定居在旧金山边上的小城市，开始有机会到旧金山市区，又重新找到城市的感觉。

当时的我懵懵懂懂，就像一块海绵，到了哪里都不断吸收。18 岁之前没有什么选择，只能跟着父母的决定不断迁徙，不断去面临新的人、事、物，这对小孩来讲是很大的挑战跟压力。有这些经历之后，面对很多事，我都会先接触后才形成我的判断，而不会先入为主地下定论。迁徙经历让我对很多事有更开放的态度。

对自己比较了解后，就会有自然的转变。美国教育非常推崇通识教育，正因为上了通识课程，对我发现社会人文方面更有兴趣。当时我在校园里第一次接触到 20 世纪 60 ~ 70 年代的美国现代主义建筑，特

1.1997 年哈佛大学设计学院硕士毕业典礼
2.1998 年摄于美国圣地亚哥萨克生物中心

别是带有肌理感和形态感的朴野风格的混凝土建筑，同时也经常去位于学校对面的沙克研究中心 (Salk Institute)、后来又跟家里人到日本、泰国等地参访了一些传统寺庙空间，就觉得建筑特别有意思，开始想多了解一点建筑，并找一个与内心更接近的专业作为将来要走的路，所以就转系到当时学校里跟建筑最接近的都市研究，虽然这个专业更多是从政策、社会学入手。

1992 年的暑假先到了波士顿，我想留在这里，就直接找了哈佛大学一位老师的事务所先实习。事务所就夫妻两个，都一边教书一边打理事务所，我是当时唯一的员工，我每天的工作是一早先到现场跟工人一起施工，然后下午回事务所改图，完成模型。这半年实习，两位教授对材料、建造的理解和事务所状态都对我有一定影响。他们的事务所既保持自身的独立性和学术性，但又不是纸上谈兵。半年后，我如愿申请到了哈佛大学的建筑系。

1997 年我跟库哈斯（Koolhaas）做珠

江三角研究，开始了我对中国城市化进程的第一手认识，那时候我有一段时间待在香港，而香港的位置不完全是中国大陆，它又跟西方有很密集的接触，因此就提供给我一个 in-between 的中间地带，让我重新去想建筑这件事情。正巧在 2001 年，香港中文大学的一份教职对我来说是很好的机会，能让我在学术层面上来思考，并平衡理论、实践和研究。在 2003 年有个机会承接了上海当代艺术馆（MOCA）项目，这个项目让我在香港、上海两地奔波约两年时间，与当地业主、政府官员和施工队都有接触。自 2000 年开始，数位当时在美国执业的建筑师朋友，如马清运、刘晓都、张轲、华黎、祝晓峰等，感觉大家共同起步的氛围挺好的，这是在香港比较少见的机会。MOCA 完工之后的一年，我决定更多参与实践工作，而上海不仅有自己完工的项目，更有地理区位的优势，所以开始了我的执业生涯。

2004 年与项目组成员摄于香港中文大学建筑系馆

确实我参与过的项目种类比较杂，尺度差异也比较大。在每次的项目中，我不刻意追求风格鲜明的个人色彩，但我会希望有些主题性的延续，比如说“微观城市”——代表项目有上海南京路步行街亭子；“地域文化的现代性”——代表项目有黄山贾宅。 近年来我们另一个比较关注的议题是

2011-2012 深圳香港城市、建筑双城双年展
与李翔宁、哈利・邓・哈托格联合策展
出版《公共外延 上海青浦与嘉定的当代建筑实践》

“低碳城市与建筑”，实际上我在多年以前就开始这个课题的研究，只是近两年国内的业主突然间意识到这个议题的迫切性，也就开始多了些针对这个主题的实践机会。如果一定要说我有什么通用的理念或理想，那可能就是“诚”与“实”二字——也就是用“真诚的心态”和“务实的姿态”去解决各尺度和类型项目中所面临的困难和挑战。

我们相信人文主义。技术也好、艺术也好，都是为人活在世界上的状态服务。它是没有办法量化的，要从文化上去看。这是个很本质的层面。建筑的最后是为人文服务的。建筑它当然有它的本体性，有它本身的意义，但是更超脱的一个指向，还是人文。

1.2009 年摄于上海当代艺术馆
2.2008 年摄于上海南京路步行街行人服务亭
3.2011 年摄于青浦环境监测站

2007 年深圳市规划局与库哈斯共同出席国际研讨会

2010 年摄于成都双年展国际建筑展会场

中国的城市在迅速发展、更新着。城市的更新就如同一系列图层的叠加，有些信息会留存下来，有些则会被湮没。

任何短暂的历史都可能是新的宏伟历史的源头和基础，比较关键的还是观念问题。我认为珠三角这种有强大的经济能量作为原动力的高速发展城市，它的更新存在了极大的灵活性和策略性。新一代的规划不应只是“总体规划”，更应该是“动态规划”。由不同的团体和社群所相互影响或角力形成具有共识的“规划导则”，并不断地添加及修正，唯有如此才能保证这些城市的持续生命力。

城市化是一个经济的力量，不是因为建筑师的原因而变得快速化，它肯定是更宏观的原因，甚至跟全球化、中国的经济、产业、社会的转型有关，在这种快速、大量生产的背景下，建筑师可以做的是更好地掌握到一些原则性的，能够理性的、科学性地把不同类型的方案做出来的模式。

我一直以来对建筑的关注点在于时间性、场所性和使用性这三个方面。时间赋予了建筑活力与灵性。随着年岁与气候的浸渗，瞬时之间的光影闪动，风水扰动，建筑的意义超越了视觉景象和形式演绎。建筑的场所性来自于其所处之地的特定元素，并赋予了其建筑文化上的意义。有场地感的建筑既回应了现有的场所脉络，又界定了全新的场所精神。建筑空间的使用与实用性，一方面反映了人们内在的需求与欲望，另一方面也界定了建筑的本体价

2018 年摄于威尼斯双年展中国主题馆

理想居所手稿

值。恒变与不变的用途不仅是建筑真正存在的理由，也是建筑之美的根本条件。

如果理想国是乌托邦，理想家就是桃花源。一为公、一为私，两者都是人们对于生活和意境上的终极追求，既同是不可实现的梦想，但又是无处不在的现实。而设计，正是链接梦想和现实的一座桥梁。

我最大的矛盾，就是当人家问我家在哪里？我没办法用一句话回答，我必须要分成四段话：就是我出生在中国台湾，成长在美国，在香港工作、结婚，但是我现在家在上海——要绕一圈才能回答出我家在哪儿。实际上我认为，当我们讲“家”的时候，一定不是在说具象的建筑形态或者空间，我觉得是一种状态与感觉。如果我为自己建造一座居住的房子，它可能是一个农舍改造的房子，6m 进深 6m 跨度，一进三跨，清水混凝土框架，填充的是夯土砖墙体。呵呵，算上墙体厚度面积组合还正好 $100m^2$。

广西喜岳・云庐酒店
XY Yun House, Guangxi

II. 近期作品

Recent Works

广西喜岳·云庐酒店
XY Yun House, Guangxi

广西喜岳·云庐酒店
XY Yun House, Guangxi

地点：广西桂林市阳朔县兴坪镇杨家村
类型：度假酒店
规模：酒店 3700m²、泳池及瑜伽亭 828m²
设计：酒店 2012年～2013年、泳池及瑜伽亭2017年
建设：酒店 2013年～2015年、泳池及瑜伽亭2017年～2018年

1. 庭院
2. 餐厅手绘图
3. 酒店餐厅主入口
4. 餐厅及庭院夜景
5. 客房与院落夜景

总平面

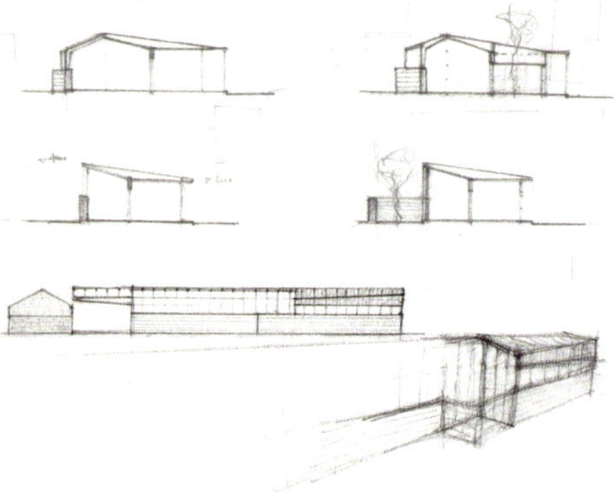

“云庐”位于从广西桂林到阳朔的半途，是一座深藏于漓江沿岸好山好水之间的精品生态酒店。基地是当地一个自然村中的几户人家的多栋老农宅。项目便是从老农宅的改造开始，逐步梳埋宅与宅之间的空间、并将一栋老宅拆除扩建为餐厅和客人可聚集的场所。设计采取一种对当地文化和周围村民尊重和谨慎的姿态，规划与景观设计在最大程度上融入了村落结构，并在周边不另设围墙或其他防护设施。在不破坏原外观的前提下，老的夯土建筑被改造为符合当代生活品质的酒店房间。新建的餐厅则用了一种更为低调的建筑语汇，以便截面钢结构和玻璃中轴门窗系统与毛石外墙、炭化木格栅、和屋面陶土瓦形成一种材料对比，新老建筑形成的空间对话和延续感则是维系外来（酒店）与本土（农村）自然共生的基本法则。

在室内设计中，依然遵循了自然共生的法则。为了不影响依山傍水的好风景及与老村落的协调，低调的新建餐厅为一层楼高的坡屋顶建筑并尽可能地降低了尺度，而室内空间在满足了空调等功能

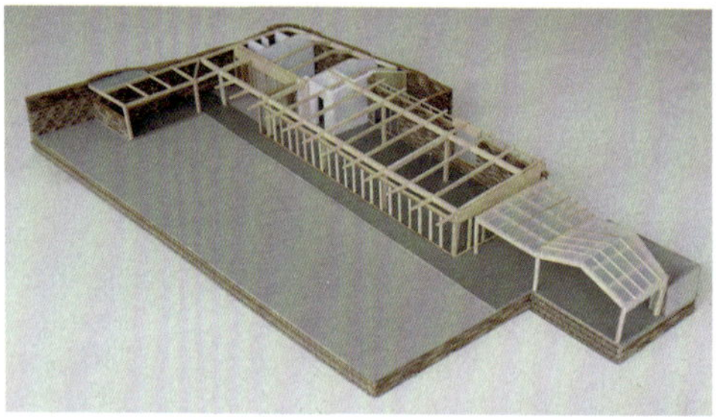

6 | 9
7 | 10 | 11
8 |

6. 餐厅及庭院
7. 餐厅模型
8. 入口阳光房
9. 餐厅室内
10. 客房室内
11. 院落及景观

需求的前提下，尽可能地提升了层高，与建筑呼应，让空间明快、简洁、流畅。

原有农宅的室内虽然久经年代的风雨而显得破旧，但却不失空间上的趣味。在改造中，保留了原建筑的木结构、黄土墙、坡屋面及顶上透光的“亮瓦”。室内改造中侧重于思考现代人的生活方式与原生态空间的对话，空间本身与光影的对话，室内与室外空间的互动。在材料的运用上，选择了素面水泥、再生老木、竹子和黑色钢板，力求朴实、自然、简单的原则。

瑜伽亭以极简的方式向自然与经典致敬。钢板墙结合储藏及壁炉等多种用途，从此处望向对角线尽端，A 字撑轻盈简洁地隐身于风景之中。充满视觉张力的设计，传递出瑜伽活动力与美的关联，寻求自然与自我的平衡。结构支撑部分全部用素钢板打造，经过打磨后保留的焊缝痕迹清晰可见，呈现独特的印记和纹理。在日光晴好的白日，条形天窗及锥形采光孔捕捉时刻变化的光影，带来别有洞天的惊喜。嵌入吊顶内的天花灯，带来柔和光线，夜幕下星星点点的效果又似另一重浩渺星空。

泳池部分面积同瑜伽亭相当，低处为

	3	
1	4	6
2	5	

1,3,6. 场地鸟瞰
2. 入口主立面
4. 模型照片
5. 入口阶梯

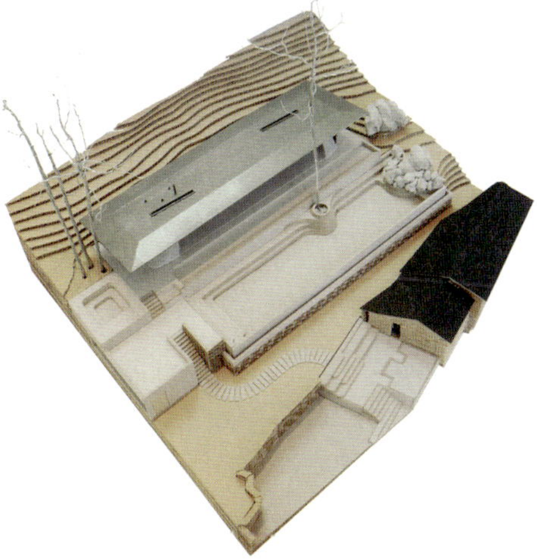

无边界泳池，高处是镜面浅水池。低池深而近路，可望村、望树、望石。高池浅而近亭，可观山、观云、观星。同时为顺应周边环境，场地上原有的无患子也得以保留，结合座椅台阶形成特色树池。

100 多 m^2 的泳池范围内，伴随树影及山石，有多处可游可躺可坐的角落及空间。水平延展的大屋顶悬挑于浅池上方，亦晴亦雨均可赏景，此处朝南远望，澄明宁静的水波涟漪映衬着竹影、村落、如黛青山。

7. 南立面
8. 瑜伽亭正立面
9,11. 眺望村落
10. 模型剖面
12. 场地鸟瞰
13. 瑜伽亭东立面

A5

北京西店记忆文创小镇

Beijing Cidi Memo iTown

北京西店记忆文创小镇
Beijing Cidi Memo iTown

地点：北京市朝阳区高碑店
类型：文创办公、销售中心、酒店
规模：6300m²
设计：2015年～2016年
建设：2016年

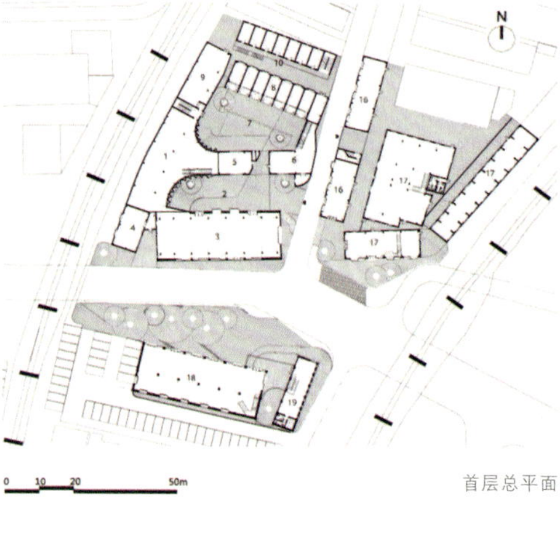

首层总平面

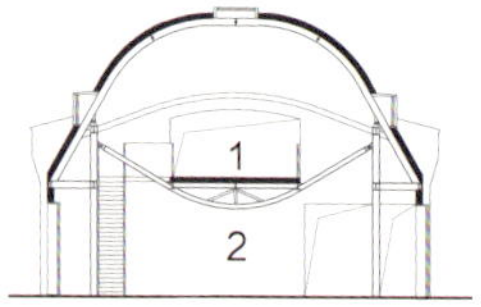

销售中心剖面

1 西店记忆主题展厅
2 销售中心
3 办公

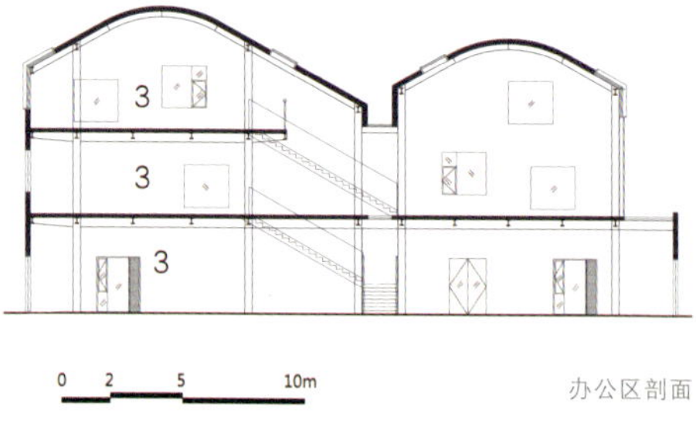

办公区剖面

本项目的基地介于东四环与东五环之间，被纵横交错的数条铁轨所割据，随着城市迅猛扩张，其逐渐被孤立被遗忘。初见基地，我们戏称其为城市私处——城市化进程中的处女地。我们看到的是破败仓库藏匿下的一片原始生机，我们占卜到的是一方城市荒漠中的秘密花园，通过引入文化创意类产业来激活片区。设计最大的挑战在于如何在不改变建筑空照轮廓线的前提下，对既定的、错综的仓库空间进行梳理，提高容积率的同时营造空间质量。设计策略上我们采用了“接骨”与“疏筋”的方式。将紧挨的几栋楼联结，重构联结体空间，植入公共功能，作为活化区域的心脏。

1|2|3
4

1. 西侧铁路
2.A 区南立面道路
3."车站"内院
4. 销售中心北立面

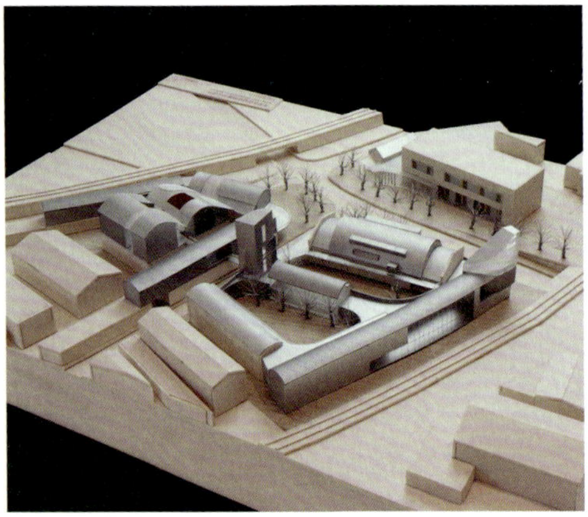

钢结构作为改造、加建项目首选的结构策略，为我们在设计上也提供了很大的创作空间。随着一列火车从长条型的厂房窗外呼啸而过，银色拱顶的车厢意象呼之欲出。我们将基地中的建筑想象成构筑日常、等待旅行的车厢。拱顶的原型唤起了我们对神庙、图书馆、车站等经典建筑原型的敬意。纯白的钢结构、悬浮的夹层作为销售中心室内的灵魂，在室内设计中通过灯光设计、吊顶材料，空间进一步被戏剧化。银色的吸声板吊顶被几组射灯逐层洗亮，夹层下的亚克力格栅吊顶结合照明，为高冷的建筑空间注入了梦幻的艺术氛围。线型灯管透过泛蓝半透明阳光板，挂钟、球型吊灯悬浮其中，窗外火车轰隆而过，我们想象着一个联结神秘穿越旅程的空间。

5 | 8 | 9
6 | 7 | 10
11

5."车站"室内
6. 园区模型照
7,8. 室内楼梯
9. 室外庭院
10. 销售中心一层
11. 销售中心二层

上海同济大学附属实验小学

Tongji University Experimental Elementary School, Shanghai

上海同济大学附属实验小学
Tongji University Experimental Elementary School, Shanghai

地点：上海嘉定区
类型：教育
规模：15,895m²
设计：2012年～2013年
建设：2013年～2016年

1|3
2|4|5

1. 首层景观庭院
2. 手绘草图
3. 主入口立面
4. 场地模型照
5. 教学区鸟瞰

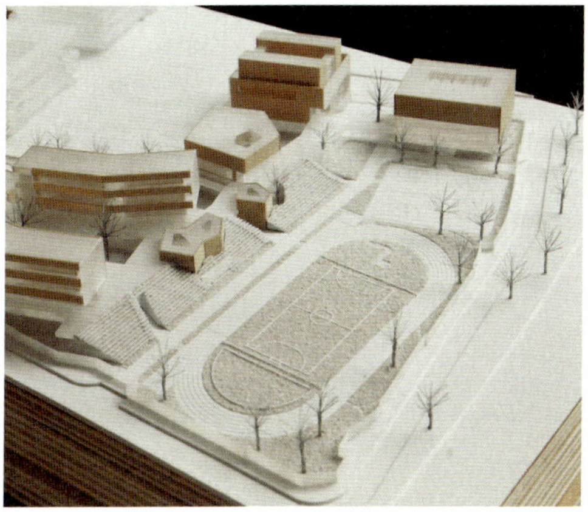

同济大学附属实验小学位于上海嘉定区安亭新镇，主体建筑群主要由教学楼、综合楼、餐厅、体育馆、架空连廊等几部分组成。设计延续了原有基地的建筑肌理，根据学校功能空间动、静的需求，通过不同尺度、不同开敞程度的庭院、廊道和运动场，将教学、办公、运动空间串联起来，以院落空间布局的组织方式，使区域原有空间特质得以延续。建筑形态及外部空间的塑造注重与城市的融合，空间的后退释放、地势的自然过渡、建筑形态的高低变化均是从大自然空间中获得灵感。

多重空间的设置，引导孩子们在各种空间中探索。进入校园，首先经过连接整个校园的连廊，3 个五边形的庭院空间依次展开。半开敞的廊道具备双层交通空间，

同时也是课间活动的重要空间。教学区设有人文、科技和艺术三个主题庭院：对间距、日照要求相对较低的三组专业教室环绕在庭院周围，餐厅、综合楼也各自设置天井式的庭院，引入天光。在二层教学区，连廊扩展为大平台，平台上设置了若干个塑胶场地，这样三、四楼的孩子可以直接在二楼平台活动。塑胶场地的位置与底层的功能教室对应，功能教室的屋面排气通风口，在这里被设计成儿童座椅。二层平台东侧连接草坡，自然延伸至操场。

由于教育建筑的普遍性和规范性，教育建筑的侧重，特别是为公办学校设计的建筑，在一定程度上有别于许多其他类别的文化建筑或地标建筑。在本案的前期规划设计、建造和投入使用以来的后评估过程中，设计团队关心的不仅是建筑本身，更多的是如何通过校园空间，更大程度地塑造和启发学生的日常学习、行为活动、身体感知和心灵触动。教育不仅关乎知识，更关乎人的身心发展，在这个意义上，同济实验小学是一次教育空间与教育理念的双重实验。

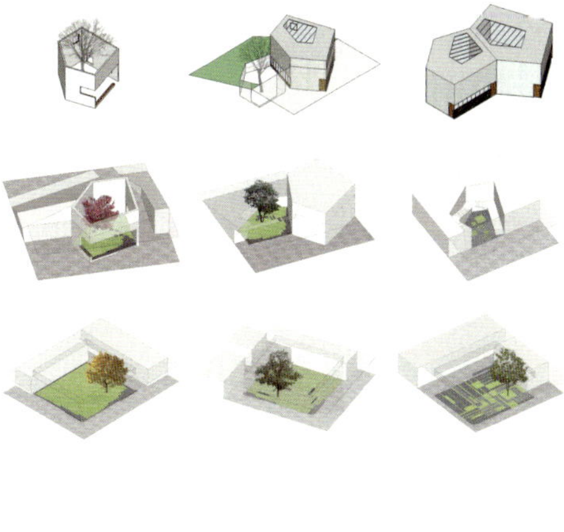

6 7	9	
8	10	12
	11	

6. 体育馆室内
7. 音乐教室
8. 德育展厅
9. 户外景观
10. 二层庭院
11. 庭院类型
12. 户外楼梯

上海张江万科实验幼儿园

Tongji University Experimental Elementary School, Shanghai

上海张江万科实验幼儿园
Zhangjiang Vanke Experimental Kindergarten, Shanghai

地点：上海市张江高科园区中区
类型：教育
规模：7343m²
设计：2015年
建设：2015年~2017年

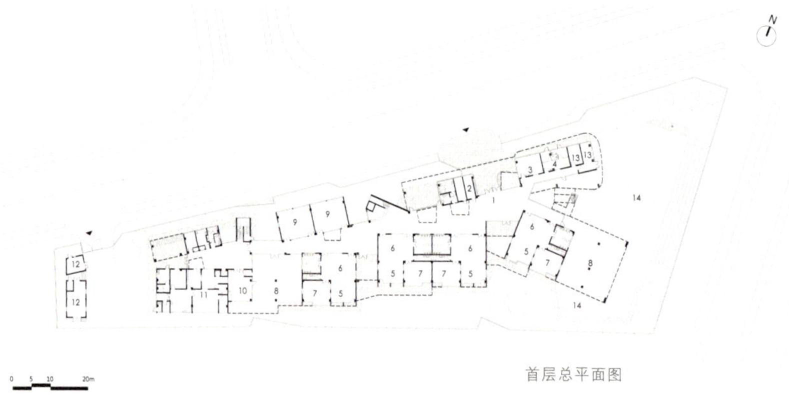

首层总平面图

1 门厅
2 传达室
3 晨检
4 观察室
5 活动室
6 餐厅
7 卧室
8 分班活动场地
9 专用活动室
10 教师餐厅
11 厨房
12 区域环网站
13 储藏
14 室外活动场地
15 办公
16 多功能厅
17 玩具制作陈列室
18 图书资料室

1|2
 |3

1. 户外活动空间
2. 沿街鸟瞰
3. 剖面模型

幼儿园是孩子们在成长过程中第一个接触的公共空间。空间的尺度、使用的灵活度以及室内的场景和氛围，对于幼儿的感受和认知都有很大影响，对于建筑师也是一个挑战。设计要能激发孩子们探索和学习的兴趣，同时要给他们足够的安全感，要有家的感觉。在调研期间，设计团队也发现，非正式空间如活动室前的走廊往往是孩子们生活、交往、嬉戏的重要场所。

功能、空间与环境的关系是本案在设计初始所面临的主要矛盾和核心议题。张江万科实验幼儿园位于一个狭长的三角形地块，基地南侧为中环路高架与河道绿化，北侧为高层住宅区，东侧为一座跨河道的车行桥，西侧则为一栋需要容纳在场地内的区域环网站。要做出一个回应场地限制条件并符合教育局规范标准的 15 个班全日制幼儿园，这块特殊的基地便显得极具挑战性。建筑师

4	7	
5	8	9
6		

4. 分班活动场地
5. 沿河景观
6. 户外中庭
7. 室内活动区
8. 室内走廊
9. 多功能厅

需要在满足规划指标、使用面积、规范性、安全性等硬性要求的前提下，在一个相对局促的场地里，创造出符合老师教学管理、诱发儿童探索心理和满足家长预期的幼儿园。

在设计的初始阶段，团队内部做了多类型的尝试，包括集中式、组团式、庭院式。第一轮头脑风暴之后再次审视这些方案时，刘宇扬老师向团队提出了一个问题：“究竟什么样的方案，才是真正适合这个场地的？” 于是设计出发点又回到如何应对狭

窄场地以及现场周边环境。最终呈现的方案，将不同的功能空间装载于四组串联的建筑体量之中，并在连接之处留出景观平台。结合了弧形屋面的建筑形态宛如孩子们都喜欢的托马斯小火车，一节一节地驶入场地之中，并带着孩子们的想象，驶向未来。

上海民生码头水岸景观及贯通

Shanghai Minsheng Wharf Waterfront Landscape and Reconnection

上海民生码头水岸景观及贯通
Shanghai Minsheng Wharf Waterfront Landscape and Reconnection

地点：上海市浦东新区
类型：市政景观、基础设施
规模：景观27191.5 m²、桥梁总长度140m，总宽10.75m，主桥跨度55m
设计：2016年～2017年
建设：2017年～2018年

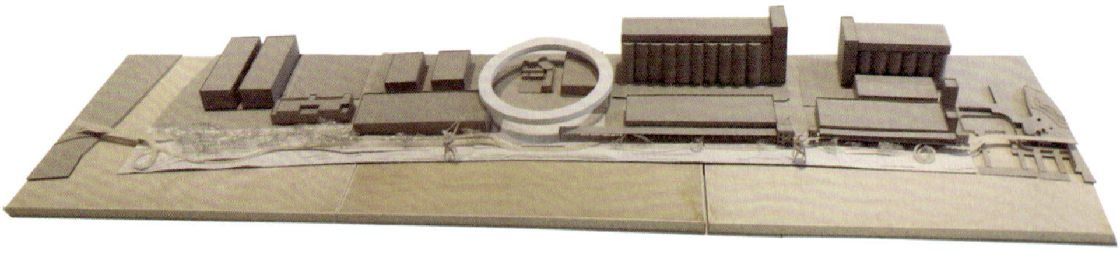

1. 中央广场
2. 总体模型
3. 东段景观
4. 东段鸟瞰
5. 景观步道

上海民生码头水岸景观及贯通，东侧连接洋泾港云桥，西侧贯通民生轮渡站区域，并连接新华滨江绿地，设计以“艺术 + 日常 + 事件”为主题，采用“旧骨新壳、旧基新架、新旧同生”的策略，自东向西规划依次为林木绿坡区、滨水步廊区、中央广场区、架空贯通道等在保留原有产业遗存空间特质的前提下，置入新的活动空间。多种活动空间的叠加，使整体流线的组织可以适应日常及庆典两种不同活动的空间需求。

基于城市空间的整体性和延续性，通过在标高 5.2m 的低线慢步道，坐落在标高 7m 的防汛墙以上的中线跑步道和逐步起坡到最高点 11m 的架空高线骑行道，“三线贯通”的总体设计创造了丰富多样的行进路径、驻足空间及游赏体验。

工业水岸有它自身强大的视觉魅力，而不需要进行过多地装饰与设计。但原有的防汛墙却不可避免地形成了街道与水岸的阻隔和城市空间的割裂。设计从剖面入手，结合对地形和基础设施的细致分析与推敲，用绿坡、步道、台阶和广场等不同方式将场地的高程关系重新组合，新旧糅合，实现了场地空间、景观和动线的连续性，大大地改善了人们进入水岸空间的体验感。这是一个融合当代城市与后工业景观

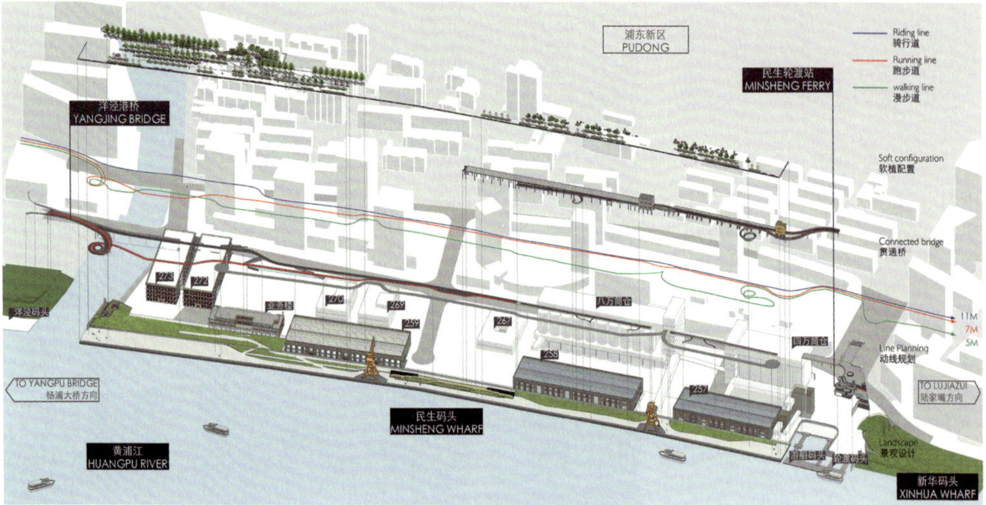

的转化过程，是一个激活水岸断点与强化游憩体验的景观基础设施，也是城市建设中最独具特色的空间营造策略。在环保生态的前提之下，这里将成为未来上海黄浦江东岸最具特色的都市休闲型水岸空间。

6. 总体轴测爆炸图
7. 中央广场日常活动
8，9. 西段螺旋坡道
10. 贯通桥底步道
11. 贯通桥转运站

6	9	
7 8		11
	10	

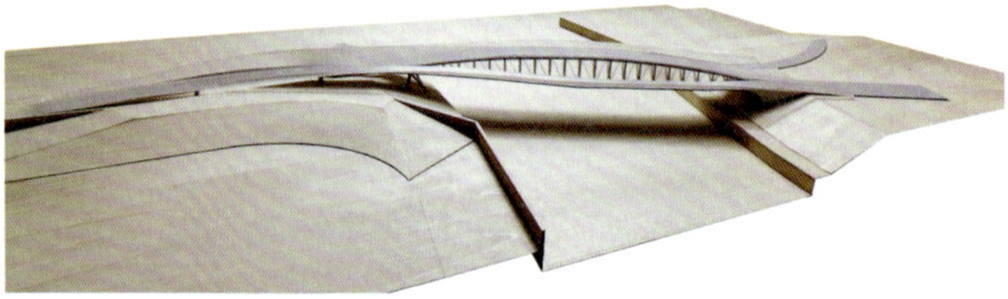

位于杨浦大桥旁的东岸·洋泾港桥又名“慧泓桥”，结构形式为钢结构异型桁架桥，主桥宽 10.75m，跨度 55m。设计利用高差分流骑行、跑步及漫步。整体造型轻盈，如彗星划过天际，跨洋泾港、指陆家嘴，清水一道为泓，结构如弓，隐喻浦江东岸第一桥、蓄势待发，是为“慧泓桥”。

民生码头侧的桥下空间，结合洋泾港防汛墙改造，设置了一处观景平台。利用防汛墙作为围栏，采用下沉树池结合台阶的手法与周边景观结合。

基于城市设计的整体性和延续性，云桥将成为融合市民活力和城市美学的基础设施。从贯通到链接，城市陆域水网的“断点”因桥而变，激发都市水岸景观的蓬勃生命力。

1. 桥头鸟瞰
2. 桥体模型照
3. 景观连接
4. 步道雪景
5. 骑行道

1|3
2|4|5

6. 北立面
7. 西侧南立面
8. 仰视桥体结构
9. 眺望杨浦大桥
10. 鸟瞰

6|8|9
7|10

代表项目一览表
Representative projects

2005 年　上海当代艺术馆

2006 年　东莞玩具工厂

2008 年　东莞玩具仓库

2009 年　上海南京路步行街行人服务亭

2010 年　官书院胡同 18 号

2011 年　陈家山公园《十里闻香楼》茶会所

青浦豫才桥

青浦环境监测站

2013 年　嘉定民族博物馆相东会所

2014 年　五原路工作室

2015 年　上海嘉定国际汽车城研发港

喜岳・云庐酒店

南京紫金新港红枫区 A2 地块

上海滨江爱特公园

2016 年　万科实验幼儿园

张江集电港一期华鑫智天地

张江集电港三期华鑫慧天地

北京西店记忆文创小镇

同济大学附属实验小学

2018 年　上海申窑艺术中心

上海民生码头水岸景观及贯通工程

云庐瑜伽亭及泳池

版权信息

建筑摄影：

上海五原路工作室	陈颢
上海当代艺术馆	JeremySan
上海南京路步行街行人服务亭	沈忠海
青浦环境监测站	Jeremy San
广西喜岳·云庐酒店	苏圣亮\田方方
北京西店记忆文创小镇	夏至\朱思宇
上海同济大学附属实验小学	陈颢\CreatAR
上海张江万科实验幼儿园	陈颢\朱思宇
上海民生码头水岸景观及贯通	田方方

图纸及模型照片：刘宇扬建筑事务所

上海滨江爱特公园
Jiangqiao Aite Riverfront Park, Shanghai

III. 奖项及学术成果

Awards & Achievement

主要获奖 Award

2012 年　东莞童园玩具仓库、青浦环境监测站获中国设计大奖（空间类）入围 荣誉
2015 年　南京紫金（新港）科技创业特别社区启动区 A/C 地块项目上海建筑学会第六届建筑创作佳作奖
　　　　云庐酒店获 DOMUS 第五届改造与保护类国际大奖银奖
2016 年　云庐酒店获 UED 杂志中国最美民宿评选十佳荣誉
　　　　云庐酒店获 ARCHMARATHON 米兰国际大奖，入围旅馆与休闲类决赛
2017 年　喜岳・云庐酒店获地产设计大奖・中国文旅综合项目优秀奖
　　　　上海国际汽车城创新港 E 地块获上海市建筑学会第七届建筑创作奖公建类佳作奖
　　　　上海滨江爱特公园获上海市建筑学会第七届建筑创作奖景观类优秀奖
　　　　上海张江华鑫慧天地获上海市建筑学会第七届建筑创作奖公建类优秀奖
2018 年　上海市建筑学会成立六十五周年上海市杰出中青年建筑师
　　　　上海江桥滨江爱特公园获 DFA Design for Asia Award 铜奖

主要发表 Publication

2001 年　Great Leap Forward，伦敦 Taschen 出版社，2001 年
2003 年　为香港设计新的脸孔，《亚洲周刊》，2003 年 06 月
2006 年　场所，意图，与 建筑，《社会科学的可能》，香港中文大学出版社，2006 年
2007 年　《DOMUS 与中国 78 建筑师 / 设计师》，中国建筑工业出版社，2007 年
　　　　用真实的建筑回应限制，《外滩画报—40 under 40》2007 年 4 月
2008 年　城市再生，思想再生，《时代建筑》，2008 年 第 1 期
　　　　Post Event Cities，共同作者：支文军，AD（英国）建筑杂志，2008 年 8 月
　　　　地铁 - 城市 - 归属感，周末画报，2008 年 11 月
2009 年　上海南京路步行街行人服务亭，《a+u》,2009 年第 2 期
2012 年　细致的公共性— 青浦和嘉定的建筑实践与其公共意义，《时代建筑》，2012 年 第 1 期
2014 年　上海城市规划，刘宇扬访谈，MARK 杂志，2014 年 8 月
2015 年　刘宇扬建筑事务所，Fifty Under Fifty: Innovators of the 21st Century，2015 年 3 月
2016 年　诗意云庐，《Domus 国际中文版》，2016 年 1、2 月合刊
　　　　鲜活的建筑，善意的设计，《生活周刊》，2016 年 01 月
　　　　建筑废料纪念碑，《热力学建筑视野下的空气提案：设计应对雾霾》，同济大学出版社，2016 年 12 月
2017 年　访谈：刘宇扬的在地越界，《台湾建筑》，2017 年 6 月，Vol. 261.
　　　　访谈，ARCHITECTS DON’T HAVE POWER I by Daan Roggeveen (Author)，2017 年 10 月
　　　　上海万科实验幼儿园，《建筑学报》，2017 年 7 月
　　　　北京西店记忆文创小镇，《建筑学报》，2017 年 9 月
2019 年　上海民生码头水岸景观及贯通，《Casabella》，2019 年 2 月

主要讲座 Lectures

1997 年　哈佛大学燕京学社讲座
1998 年　亚洲设计论坛（吉隆坡）
1999 年　第 20 届世界建筑师大会 年轻建筑师论坛
2002 年　香港大学比较文学系座谈会

2004 年　香港中文大学建筑系人文论坛

2005 年　英国伦敦城市大学建筑学院 国际论坛 特邀讲座

台北市立美术馆 普立兹克建筑奖讲座，“Herzog de Meuron: 物质（改变）文化”

2006 年　韩国国立艺术大学 - 原都市建筑研究所讲座“香港 - 深圳：Recipro-City”

2008 年　台中城市论坛 城市再生 - 思想再生

美国密西根大学建筑与城市学院讲座

2010 年　上海同济大学城市及建筑学院讲座

2012 年　第 6 届国际城市发展高峰论坛 （重庆）

福布斯高端生活论坛 （重庆）

中荷可持续城市发展论坛 （上海）

2015 年　国际水岸城市发展论坛（香港）

上海同济大学城市及建筑学院讲座：城市微设计

2016 年　柏林工业大学讲座（德国）

中国建造讲座（苏黎世联邦理工学院）

2017 年　Mabsociety/Bank“榨汁”系列讲座 “空间的诗学：陈彧君 X 刘宇扬”（上海）

城市更新的小与大，SUSAS 城市空间艺术季（上海）

建筑是一场马拉松式的哲学：十年中国实践，成功大学讲座（台湾）

2018 年　Of Land & People- a decade in China，AIA Shanghai Lecture（上海）

威尼斯国际建筑双年展 中国馆开幕论坛（威尼斯）

SEA-Hi_ 土地与常民

2019 年　西交利物浦建筑系中国建筑师讲座系列 _Of Land & People：A Decade in China

第九届 园冶高峰论坛 _ 土地与常民

广东时代美术馆主题讲座未知城市

米兰理工大学系列讲座 _MantovArchitettura

主要展览 Exhibitions

1997 年　第十届德国卡塞尔文献展 参展

2005 年　首届深圳城市与建筑双年展 参展

台北美术馆“黄盒子：当代台湾绘画”展览设计

2006 年　上海青浦黄盒子艺术展 参展

2008 年　深圳 - 香港建筑与城市双年展 联合策展及参展

美国密西根大学建筑与城市学院 China Near_Now 作品展 参展

2011 年　成都双年展国际建筑展 联合策展及参展

2012 年　MoCA 生活演习展 联合策展

2015 年　建筑中国 1000/1000 Architectures 北京国际设计周 参展

香港理工大学赛马会社会创新设计院一零八件社创事 参展

深圳关山月美术馆第二届中国设计大展及公共艺术专题展 参展

2016 年　美国哈佛设计学院中国当代建筑展 参展

2017 年　上海城市空间艺术季 参展

2018 年　第 16 届威尼斯国际建筑双年展中国国家馆“我们的乡村” 参展、主题装置设计、展陈设计

2019 年　深圳未知城市中国当代建筑装置影像展，参展

后记 POSTSCRIPT

2018 年 12 月，上海市建筑学会为“上海市杰出中青年建筑师”评选成立了编写工作组，正式启动了本书的编写工作。

本系列丛书由 20 位“上海市杰出中青年建筑师”提供相关素材，对自身的主要从业经历、建筑作品、获奖经历及学术成果等方面作了多样的展示与阐述。由于篇幅有限，不足以充分反映 20 位杰出中青年建筑师的创作思想和优秀作品，只概括地阐述了具有代表性的内容。

“上海市杰出中青年建筑师”评选活动的圆满举办得益于学会理事会、学术委员会、各会员单位、设计院所、高校以及社会各界的大力支持，在此向所有提供支持与帮助的单位和个人表示衷心的感谢。

在编写过程中我们还得到了许多著名建筑师的支持，他们亲自为各位中青年建筑师写序，意在鼓励和培养青年一代的成长，在此向他们表示感谢。同时，特别要感谢评选委员会的专家沈迪、魏敦山、时匡、汪孝安、赵元超、丁洁民，他们以科学严谨的工作态度圆满地完成了本次评选工作。

最后要感谢编委会、学会秘书处以及参与本次编写工作的所有工作人员，感谢你们的辛勤付出。

上海市建筑学会将秉持“坚守科技报国初衷，不辱时代发展使命”的理念，聚行业合力，共谱城市建设华章；携手市民大众共铸辉煌！

上海市建筑学会

本书编辑

主　任：谢灵宁　吕亚范

成　员：梁俊杰　俞怡人　盖欣荣

《上海市杰出中青年建筑师》系列丛书

按姓氏拼音排序

《上海市杰出中青年建筑师之一——薄宏涛》

《上海市杰出中青年建筑师之二——陈国亮》

《上海市杰出中青年建筑师之三——陈剑秋》

《上海市杰出中青年建筑师之四——陈　雷》

《上海市杰出中青年建筑师之五——崔中芳》

《上海市杰出中青年建筑师之六——郭建祥》

《上海市杰出中青年建筑师之七——胡世勇》

《上海市杰出中青年建筑师之八——李麟学》

《上海市杰出中青年建筑师之九——李　瑶》

《上海市杰出中青年建筑师之十——李振宇》

《上海市杰出中青年建筑师十一——刘宇扬》

《上海市杰出中青年建筑师十二——柳亦春》

《上海市杰出中青年建筑师十三——钱　平》

《上海市杰出中青年建筑师十四——任力之》

《上海市杰出中青年建筑师十五——戎武杰》

《上海市杰出中青年建筑师十六——宋照青》

《上海市杰出中青年建筑师十七——王文胜》

《上海市杰出中青年建筑师十八——张俊杰》

《上海市杰出中青年建筑师十九——章　明》

《上海市杰出中青年建筑师二十——曾　群》